恋上简约风

北欧印象生活小物

[日] 萩原　健太郎　著

涂纹凰　译

北京联合出版公司
Beijing United Publishing Co.,Ltd.

我之所以会对北欧感兴趣，是因为阿诺·雅各布森（Arne Emil Jacobsen，丹麦建筑师）所设计的椅子。在日本，他设计的椅子虽然被冠上"设计师椅"之类的称号，但在当地则会出现在友人家中的餐厅、街边的咖啡馆，甚至随地倒在小学体育馆里。这张椅子在当地不是什么特别的物品，而是融入普通日常生活中的一部分。

我想北欧设计之所以能风靡全世界，一定是因为这些每天重复使用的日用品件件雅致精美。

无论是早晨醒来时用来饮用甘冽清水的玻璃杯，还是冲泡咖啡的咖啡杯。

无论是白天工作或读书时使用的文具，还是孩子的玩具。

无论是夜里和家人一起共度美好时光的家具，还是柔和地照亮每个人的温暖灯光……

北欧有许多出自优秀设计师与制造者之手的产品。这些产品有些被誉为名作，但其实原本都只是出自有其需求，而且本着让生活更方便美好、同时又能长久使用的想法而制造。

本书精选出受人喜爱的百件北欧日用品，从每件产品的故事到制造背景等内容逐一详细介绍。

若读者能通过本书更加了解北欧，并且让生活更美好，我将备感荣幸。

萩原　健太郎

目 录

1

目 录

目录

目 录

卡伊·弗兰克的
平底无脚酒杯＃2744玻璃杯

　　伊塔拉（iitala）公司至今仍销售的畅销商品——"卡迪欧（KARTIO）"玻璃杯。据说其原型来自努塔雅维（Nuutajarvi）公司所制造的口吹玻璃（人工吹制玻璃）"2744"。从玻璃杯底可以看见玻璃吹杆留下的痕迹。

　　与这款玻璃杯邂逅，我记得是在芬兰图尔库的一家旧货精品店。（*旧货并非指二手货，而是销售长达30～50年的经典商品。）当时我与神奈川的旧货精品店兼北欧家具塔洛（talo）店主的山口太郎先生以及摄影师永礼贤先生一起到那里采访。现场有两个2744玻璃杯，太郎的推荐成了我和这款玻璃杯结缘的契机。我虽然喜欢蓝色却深受玻璃杯薄透度的吸引，因此选了咖啡色。而且，我认为这样也更能展现对卡伊·弗兰克（Kaj Franck，芬兰设计师）个性作品的尊敬。永礼先生买了蓝色的玻璃杯。

　　每个产品都有些微差异，我认为这也是旧货的魅力之一。

芬·居尔的
柚木碗

　　芬·居尔（Finn Juhl）被称为孤傲的设计师，其实非常贴切。1940—1950年被称为丹麦家具的黄金时期，其中心人物就是在丹麦皇家艺术学院家具系师从卡尔·克林特（Kaare Klint）的欧雷·旺夏（Ole Wanscher）以及波耶·莫耶谢（Borge Mogensen）、莫耶谢的挚友汉斯·J.华格纳（Hans J. Wegner）等人。他们所设计的家具以克林特所秉承的再设计与人体工学为基础，相比之下建筑系出身的居尔设计的家具则富有雕塑感与独创性，在当时并未获得认同。居尔终于被大众接受，已经是1951年负责"纽约联合国大楼信托管理理事会会议室"内部装潢以后的事情了。居尔在丹麦也被评论为发迹于美国，之后才红回国内的设计师。

　　芬·居尔以家具为主的作品当中，这只直径150mm柚木制木碗是最小件的类型。木碗当中也蕴含了高雅而大胆、宛如雕塑般的曲线美感。

昂蒂·诺米斯耐米的
咖啡壶

　　这是在电影《海鸥食堂》中常出现的咖啡壶。虽然还有很多类似的搪瓷制咖啡壶，但是这款咖啡壶具有令人感到亲切的外形、完美的壶盖头与握把等，蕴含了细微而关键的差异。咖啡壶的设计师是昂蒂·诺米斯耐米（Antti Nurmesniemi）。从咖啡壶到桑拿专用椅、电话、赫尔辛基的怀旧火车、铁塔等都有他的作品。他是一位非常多元的设计师。他的设计总是流露出一股温馨感。

　　我心目中世界第一的设计师夫妻虽然是查尔斯&蕾·伊姆斯（Charles&Ray Eames），但若只限北欧地区的话，努尔美斯米夫妇可以名列冠军。2011年我曾经采访过昂蒂的夫人——沃可·诺米斯耐米（Vuokko Nurmesniemi）。她在玛丽马克（Marimekko）草创时期与设计师梅嘉·伊索拉（Maija Isola）一起大显身手，之后创立自己的品牌，是一位传奇设计师。她目前已经年过八旬却仍然继续从事设计工作，她个子高大、英姿飒爽的模样十分帅气。她回想与昂蒂度过的岁月时，如此说道："和他在一起的日子非常美好。我们真的是完美搭档。"我因此而了解昂蒂，也更喜欢他的作品了。

奥瓦·托伊卡的
露珠（Kastehelmi）玻璃盘

"Kastehelmi"在芬兰语中意指"朝露"。在早晨和煦的阳光下，玻璃盘那宛如无数闪耀水滴的样子与落在餐桌上的阴影形成鲜明对比，仿佛一幅画。

这样令人印象深刻的装饰，据说是为了弥补玻璃制作工法上的缺陷而做出来的设计。露珠（Kastehelmi）玻璃盘是使用熔化的玻璃灌入金属模型、由机器铸造成型的压制玻璃工法所制成，但其制作过程当中无论如何都要接缝。因此，设计师奥瓦·托伊卡（Oiva Toikka）想到在玻璃盘加上水滴状的装饰。不只可以弥补压制玻璃的缺点，还能让产品更美。从这些细节就可以看出设计师的功力。

露珠（Kastehelmi）玻璃盘自1964年问世以来，一直生产至1988年。虽然在2010年出了复刻版，但所谓的旧货与现行销售的产品还是有一些差异。若要举出最具代表性的地方，我认为旧货的水滴突起比较高，玻璃盘看起来更加闪耀。我个人比较喜欢这种感觉。

凯·玻约森的
猴子摆饰

　　十年前，我还住在丹麦。在跳蚤市场杂乱而众多的店家当中，与这只"猴子"相遇。市场上大多数商品都非常便宜，但这只猴子的价格却不然。看到我诧异的表情，店主人说："毕竟，这是那个……"开始自豪地讲起故事来。是的，这就是自1951年诞生以来，超越半世纪在全世界一直广受喜爱的猴子摆饰。无论是举起双手、吊着摇晃的样子，还是反省、可爱的表情，它都用肢体动作治愈了我们的心。

　　猴子摆饰的创造者是丹麦人—凯·玻约森（Kay Bojesen）。他以制作猴子、大象、皇家卫兵队等木制玩具闻名，但年轻时曾在乔治·贾森（Georg Jensen）的门下修习银饰制作，1938年发布了丹麦皇室、大使馆御用且成为畅销商品的餐具"大普里克斯（Grand Prix）"系列。而且，现在的产品为不锈钢制，据说是在日本的不锈钢产地—新潟县的燕三条制造。

北极狐的空肯（Kånken）
后背包

北极狐是1960年创立的瑞典户外用品品牌。该公司在极北地的格陵兰、巴西热带雨林、澳大利亚的灼热沙漠等极限环境中反复测试，开发耐用性高的产品广受好评，但最近在日本却因为其时尚的外观而受到观注。

这款产品拥有后背包少见的直线条简洁外观，而且有多种颜色，令人情不自禁想带回家。据说背包款式是以电话簿为设计概念。

我买的背包是"空肯（Kånken）"系列，诞生于1978年。其设计背景来自于当时因为使用单肩背包，瑞典的民众、尤其是孩童普遍出现背痛情形，这款背包就是为了减缓背痛而设计。使用轻量且耐用性好的防水材质、好背的背带、在适当的位置加上口袋、商标可当作反光板让使用者晚上也能安心走路等，处处可见对使用者的体贴，难怪在瑞典被当作国民书包。我自己也是每天使用。

拉普阿的织布人（Lapuan Kankurit）
羊毛毯

　　Lapuan Kankurit是1973年创立于芬兰西部小镇拉普阿的织品制造商，公司的名称意指"拉普阿的织布人"。因为这份身为织布人的骄傲，该公司严选天然材质，在老练工匠的巧手下制造出高质量的织品。

　　代表性的商品是毛毯，不仅材质与制造工法讲究，毛毯上的图样更增添温暖。陶艺家鹿儿岛睦以原野里绽放的花朵为灵感而设计的"野花（Villikukkia）"、织品设计师铃木胜设计卷羊毛加上圆滚滚大眼的可爱绵羊图案"拉玛斯（Lammas）"、芬兰插画家马丁·皮克萨姆（Matti Pikkujamsa）描绘不同品种、表情的狗狗图样"狗狗公园（Koirapuisto）"等，每一条毛毯都是在寒冷的冬夜，令人想披上的温暖设计。另外，因为每位设计师都是我曾经采访过的人，这点也令我非常开心。毛毯尺寸最小为65cm×90cm，便于携带，无论是拿来盖在腿上、或是当作婴儿毯都恰到好处。

海妮·丽塔胡赫塔的
四季（RUNO）系列

　　阿拉比亚（Arabia）成立于1873年，作为瑞典陶器品牌罗斯兰（RÖRSTRAND）的分公司创立。翌年，该公司在赫尔辛基的郊外建立工厂。"阿拉比亚"这个名字，是由工厂厂址"阿拉比亚大道"而来。

　　在旧货市场中，卡伊·弗兰克与乌拉·布罗柯佩（Ulla Procope）、埃斯泰利·托姆拉（Esteri Tomula）等人创作的阿拉比亚陶器非常受欢迎，但现行商品系列则不然。长销商品贝鲁格·凯比艾内（Birger Kaipiainen）的"乐园（Paratiisi）"系列则有别于此，Paratiisi系列的造型加上装饰的"RUNO"，更加提高了存在感。

　　芬兰语中RUNO意指"诗"，4只餐盘上的图案，是出自阿拉比亚艺术部门的海妮·丽塔胡赫塔（Heini Riitahuhta）所描绘的四季诗歌。萌芽的新春、璀璨绽放的盛夏、染红枝头的深秋、万物渐枯的寒冬……宛如欣赏一幅幅连续画作。从留白的手法中也能看出她的设计品味。

阿尔瓦·阿尔托的
锡耶纳（SIENA）图样系列

　　阿尔瓦·阿尔托（Alvar Aalto）以建筑与家具设计闻名，但她也设计了很多家饰类的产品。挂在层架旁的隔热手套，其外表设计为"SIENA"图样，最初是阿尔托在1954年为了自家住宅而设计的。

　　整齐的图样令人联想到位于意大利中部的古都锡耶纳的大圣堂，大理石上的条纹。阿尔托与第一任妻子艾诺（Aino）在蜜月旅行时造访意大利，据说自此以来他一生都深受意大利、地中海文化的影响。造访阿尔托的宅邸，发现在客厅有被昵称为"坦克椅"的"ARMCHAIR400"扶手椅、"BEEHIVE"蜂巢吊灯、"Aalto Vase"花瓶等名作齐聚一室，然而一旁的餐厅则摆放着采购自意大利的餐椅。

　　锡耶纳（SIENA）图样虽然是整齐的条纹，但仔细观察会发现并非呈直线，而是有手绘的质感。在摩登现代感中蕴含着人情味的柔和，我想这正是阿尔托的设计魅力。

在 世 界 最 北 端 的
城 镇 购 买 环 保 袋

　　斯瓦巴群岛位于欧洲大陆与北极之间。世界最北端的城市——隆雅市，就位于群岛之一的斯匹兹卑尔根岛上。在这片土地上，11月中旬到翌年2月上旬是永夜时节，不要说树木，连杂草都长不起来。

　　然而，这个城市仍然有日常生活，也有学校、教会、商店。为了纪念造访世界最北端的超市，我买下这只有北极熊图案的环保袋。而且，在斯瓦巴群岛，北极熊的数量超过居民，据说大约栖息着3000头北极熊。

阿拉比亚的
克托（Keto）咖啡杯盘组

"克托（Keto）"咖啡杯盘组是由卡丽娜·阿赫（Kaarina Aho）设计形状；埃斯特丽·多姆拉（Esteri Tomula）负责设计装饰图样。两位阿拉比亚最具代表性的女设计师携手打造的咖啡杯盘组，绽放着生动且惹人怜爱的蓝色花朵。

据说这款咖啡杯盘组只生产4年左右。如此美丽的咖啡杯，竟然在这么短的时间内就绝版，这或许也反映了当时阿拉比亚集结了许多明星商品、又或者不符合生产成本、不受消费者喜爱的情况。恣意想象绝版的原因，也是享受旧货的一大乐趣。

菲斯卡斯（FISKARS）
橘色剪刀

　　离赫尔辛基西南方85km的地方有一个小村庄，叫作菲斯卡斯（FISKARS）。这个村庄的历史是与1649年创立、菲斯卡斯公司的前身制铁所一起开始的。菲斯卡斯公司是芬兰最古老的企业，现在旗下拥有伊塔拉（Iittala）、皇室哥本哈根（Royal Copenhagen）等知名品牌。

　　菲斯卡斯公司作为以厨房用品、园艺用品、文具等各式刀具为中心发展至今的厂商，最具代表性的产品就是这款橘色剪刀。1967年以人体工学的角度开发出操作性、耐用性佳的产品，奠定了最完美剪刀的地位。

　　与菲斯卡斯公司一同携手前行的村庄，由于1973年公司迁移，曾经有一段时间沦为鬼城。然而，在该公司的帮助下，众多艺术家迁居此地，现在已经有超过百位艺术家、设计师、工匠在此生活，成功转型为全世界屈指可数的艺术村。

爱丽思·汉特沃克（iris hantverk）
打扫工具

　　这是拥有一百多年历史的瑞典老店——爱丽思·汉特沃克（iris hantverk）所生产的扫把与扫帚组。木制的部分采用白桦木与榉木材质、刷毛使用马毛等，因为是结合天然素材与传统工艺的打扫工具而广受好评。而且该公司不只讲究质量，他们的生产线也聘用许多视障朋友。

　　瑞典等北欧国家以良好的社会福利著称。尽管需付出高额税金，却是无论身心障碍者或移民，所有人都无须担心年老后生活的社会。我在丹麦听说，国家希望年长者无论到几岁都是纳税义务人，并且以此为傲。纳税就是社会成员的证据。从这个角度来看，爱丽思·汉特沃克（iris hantverk）公司给予视障朋友工作机会、让视障朋友承担缴税义务，着实是非常有价值的一件事。

凯瑟里耐霍尔姆（Cathrineholm）
搪瓷双耳锅

　　我总觉得北欧的女性设计师比起其他国家、地区都要活跃。比如说玛丽马克（Marimekko）的梅嘉·伊索拉和沃可·诺米斯耐米、伊塔拉的艾诺·阿尔托（Aino Aalto）、阿拉比亚的乌拉·布罗柯佩和埃斯泰利·托姆拉、古斯塔夫伯格（Gustavsberg）的丽莎·拉森（Lisa Larson）……对我而言，举例的时候不会提到，但也绝不会遗忘的其中一人就是挪威的妲雷塔·普立兹·凯蒂珊（Grete Prytz Kittelsen）。

　　1950—1960年是北欧设计的黄金时期，但挪威稍微滞后。直到2012年FUGLEN品牌在东京开设分店，挪威的设计才开始在日本广受瞩目。

　　其中最灿烂的就是凯瑟里耐霍尔姆（Cathrineholm）品牌旗下，负责莲花图纹等搪瓷产品设计的妲雷塔·普立兹·凯蒂珊。当时她大胆采用鲜艳色彩、图纹的产品，创下空前畅销的记录，但她的名字却鲜少出现在挪威设计史当中。

亚纳·雅各布森的 ANT座椅

　　我之所以会喜欢亚纳·雅各布森（Arne Emil Jacobsen），是因为他在设计造型上的品味以及他贴近生活的一面。"ANT座椅"正是兼具这两种特质的作品。这是世界第一把以合板为材料、实现椅背与椅座一体成型3D曲面加工的椅子，其开发的契机，缘于美国的查尔斯和雷埃姆斯（Charles and Ray Eames）。

　　埃姆斯（Eames）于1946年发布了"DCW""LCW"两款椅子，虽然椅背与椅座分开，却也是以合板3D加工技术成功制造出来的产品。一直把Eames当作竞争对手的雅各布森，对于埃姆斯（Eames）未能完成一体成型的椅背与椅座非常执着。据说他为了说服不太愿意参与开发的厂商，甚至事先找好了商品买家。

　　设计师在解决椅背与椅座连接处会产生断裂等问题上费了许多功夫，终于在1952年成功创造出令人联想到"蚂蚁"美丽线条的造型椅。而且，3年后，以ANT座椅为基础的"Seven座椅"也诞生了。

艾洛·阿尼奥的
浇水壶

　　我个人认为芬兰的艾洛·阿尼奥（Eero Aarnio）是北欧设计师当中最不像北欧风格的设计师之一。无论是在电影《2001太空漫游》中登场的"太空椅（BALL CHAIR）"还是宛如大型布偶的"小马椅（PONY）"等作品，都显示出他是拥有幽默想象力、广泛运用塑料等材质，富有塑形能力的设计师。

　　相比前述作品，显得较为沉稳、却又充分发挥阿尼奥风格的产品，就是由普拉斯泰克斯（PLASTEX）公司销售的浇水壶。这款浇水壶从阿尼奥绘制草图到最后经由手工研磨而成，特色在于独具风格的曲线。虽然是向前倾斜的形状，但浇水口有弯度、防止水溅出来的细节设计等，非常体贴使用者。从壶身上标示容量的0.75等数字，可以感受到他特有的玩心。

珂丝塔（KOSTA BODA）杯子
蛋糕造型玻璃碗

一般而言，大多数人都会认为北欧是和平的国度。然而，在商业界竞争却十分激烈，企业吸收、合并非常频繁。目前，丹麦的皇家哥本哈根（Royal Copenhagen）、瑞典的罗斯兰（Rorstrand）、芬兰的伊塔拉（iittala）全都隶属于芬兰的菲斯卡斯（FISKARS）旗下。这难道是维京人后裔的宿命吗？

珂丝塔（KOSTA BODA）的历史，从1742年设立于瑞典南部斯莫兰的"KOSTA"开始。1971年它与欧洲现存最古老的玻璃制造商"BODA"合并，成为KOSTA BODA公司。该公司的产品以富有艺术性而闻名，甚至瑞典王室晚餐宴上也使用该公司的产品。这款玻璃碗正如其名，令人联想到杯子蛋糕的形状，其烟熏色系的光泽、匠心独运的设计灵感、以及实现上述设计的玻璃切割等精湛技术，令人惊叹不已。

阿尔瓦·阿尔托的
高尔德贝（GOLDEN BELL）吊灯

  阿尔瓦·阿尔托所设计的吊灯"高尔德贝（GOLDEN BELL）"其实有两种。

  图片里的吊灯是原创的型号"A330S"。这款吊灯是于1937年为赫尔辛基的"SAVOY"餐厅而设计。另外，同年巴黎万国博览会的芬兰展馆也展示了同款吊灯，其特征在于一体成型的滑顺曲线。

  1954年阿尔托设计并发布另一款GOLDEN BELL "A330"，由多种零件组成，使用比原型号复杂的工法制成。最初是用于韦斯屈莱大学（University of Jyväskylä）的教职员餐厅。而且，赫尔辛基的"Cafe Aalto"的天花板吊灯就是这一款。

  除此之外，以阿尔托住宅杰作而闻名的法国卡雷住宅（Maison Louis Carre）宅邸采用了"A380"，又称为"越桔灯（Bilberry lamp）"。阿尔托设计的这些灯饰，大多都能在空间中独挑大梁成为主角，件件皆为代表性的佳作。

芬 兰 的
松 木 编 织 篮

　　南北狭长、四季分明的日本有竹、山葡萄树、五叶木通树、软枣猕猴桃树、色木槭树等各式各样的植披，其中不乏编织篮子的材料。然而，在严寒的北欧，却只有白桦木或松木等材质可使用。

　　图片中的篮子，是芬兰产的编织篮。使用削薄的松木材纵横交错编织而成，是芬兰传统的杂货。可存放衣服、玩具、植物等，具有令人安心的魔力。越用越令人爱不释手的编织篮，就连松木慢慢编成深褐色的过程都传达出美感。

诺曼·哥本哈根（normann COPENHAGEN）
畚箕扫帚组

　　诺曼·哥本哈根（normann COPENHAGEN）是一个家具品牌，善于生产设计与功能兼具、趣味横生的产品。该品牌有一位丹麦设计师——欧雷·延森（Ole Jensen），他所设计的产品总是能让日常生活更方便。

　　每天都在工作区用毛刷和报纸打扫垃圾和灰尘的欧雷·叶恩山，想用设计来解决这件事，所以才创造了这款"畚箕扫帚组"。不用时靠在墙边，只是闲置一旁也独具美感的产品设计便可窥见设计师的功力。

阿拉比亚的
法恩莎（Faenza）系列

　　芬兰国民人均的咖啡消费量为世界第一。据说在许多企业的从业规则当中，明确规定上午和下午都有咖啡休息时间。早上醒来的时候、上午的休息时间、午餐时间、下午的休息时间、晚餐后……只是这样也喝掉6～7杯了。然而，北欧相比其他各国，对咖啡的味道没那么挑剔。

　　咖啡壶旁一定放着盒装牛奶。挪威和丹麦人喜欢喝浅焙的黑咖啡，芬兰人则喜欢在久煮后变得苦涩的咖啡里加牛奶饮用。这样似乎比较适合用大一点的马克杯，但也可以喝完再倒，所以使用小咖啡杯也无所谓。其实很像日本人喝麦茶的感觉。

　　图片里的小咖啡杯，是出自阿拉比亚的"法恩莎（Faenza）"系列。这个系列有花纹和直线条等完全不同样式的产品。我个人喜欢白底与柠檬黄的线条组合，十分典雅而清爽的设计。

设 计 信（DESIGN LETTERS）
文 具 商 品

据说亚纳·雅各布森（Arne Emil Jacobsen）小
时候非常向往当一名画家。平时虽然调皮捣蛋，有
时还会妨碍老师上课，但只要让他拿起画笔就会变
得很乖。然而，在父亲的强烈反对之下，他只好踏
上建筑师的道路。

日后雅各布森成为一名成功建筑师的故事，已
经无须赘言。他不仅负责贝尔维尤海滩（Bellevue
beach）与SAS皇家饭店等知名建筑的设计，更延
伸到家具与布织品、餐具等商品设计。据说十分喜
爱植物的雅各布森，特别热爱仙人掌。他对造型的
敏感度令人惊叹。

图片中设计信（DESIGN LETTERS）的文具
商品上，纤细的活字印刷，出自雅各布森的设计。
原本是为了奥胡斯市政厅（Aarhus City Hall）内的
位置图而设计。从这项设计就可以看出雅各布森的
过人天赋。偶尔会听到有人揶揄他的容貌与性格，
但看着这些流露出知性氛围的文具，就不免感觉那
些流言蜚语像是在跟雅各布森闹别扭一样。

R Typography, Arne Jacobsen

海 基 · 欧 若 拉 的
24h 餐 盘

一提到阿拉比亚的餐具"24h",大家都会想到在电影《海鸥食堂》中登场的"Avec"系列,但我个人却比较喜欢它的原型——"24h"。

物如其名,这款朴素餐盘可运用于24小时当中的任何一个场景,而设计师正是海基·欧若拉(Heikki Orvola)。以前我采访过的旧货商店老板,自己在家里也使用这款餐盘,听说在餐桌上的使用率很高。餐盘无抛光的雾面质感、韵味深沉的墨绿色,无论西餐、日式餐点都能盛装,令人感叹其宽广的包容性。

设计师欧若拉是在1960年作为玻璃制造商努塔雅维(Nuutajarvi)公司旗下艺术家开始设计生涯,发布过"米兰达(miranda)"系列等商品。之后,又为玛丽马克(Marimekko)公司设计布织品等,活跃于各领域。代表作有伊塔拉(iittala)与玛丽马克(Marimekko)合作推出的多彩烛台"Kivi"。另外,也有人说欧若拉的极简设计,是承袭自卡伊·弗兰克(Kaj Franck)的设计风格。

斯堪的纳维斯科·赫姆斯洛基德
（SKANDINAVISK HEMSLOJD）
色拉叉匙组

　　在物价高昂的北欧，人们不会到餐厅开派对，大多都在家里举办居家派对。到了漫长的暑假，还会招待亲朋好友到森林或湖边的夏日小屋度假。

　　色拉叉匙组是方便多人用餐的餐具。使用北欧产的天然木材，由老练工匠仔细打造而成的餐具，不仅有木材的质感与香味，材质本身亦具备优良的杀菌功能。每天使用时留下的伤痕与变色的样貌，都令人爱不释手。

斯蒂格·林德伯格的
设计图（Konstruktion）印刷布料

　　1940—1960年北欧设计之所以兴盛，百货公司扮演了颇为重要的角色。赫尔辛基历史悠久的斯托克曼（STOCKMAN）百货公司，当时还有昂蒂·诺米斯耐米（Antti Nurmesniemi）等人进驻。

　　斯德哥尔摩的NK（Nordiska Kompaniet）百货公司，则是由斯蒂格·林德伯格（Stig Lindberg）担任布织品工作室的室长，并于1954年举办由12名设计师参与的展览"SIGNERAD TEXTIL（签名布织品）"。12名设计师的其中一人，就是斯蒂格·林德伯格。图片中的"设计图（Konstruktion）"布料，是在20世纪50年代为NK百货公司所设计的产品，现在已经很难找到了。

欧瑞诗的
卡拉（Carat）玻璃杯

　　在瑞典南部的斯莫兰地区，散布着大大小小十几处的玻璃工坊，素有
"玻璃王国"之称。其中最具代表性的品牌，就是登上诺贝尔奖晚宴餐桌
的"欧瑞诗"。

　　欧瑞诗公司于1726年成立，原为铁工厂。1898年改产玻璃，最初只制造实用性商品。自1914年开始生产铅玻璃之后，就借用延揽画家赛门·盖特（Simon Gate）、爱德华·巴特（Edward Hald）等方法，加强艺术性的搭配。艺术家都配有一位专属设计师与经验丰富的工匠，通过团队合作打造出足以被誉为铅玻璃工艺代名词、简洁而摩登的作品。

　　设计师雷娜·贝利斯多姆（Lena Bergstrom）所设计的"卡拉（Carat）"玻璃杯，灵感来自于近几年吸引她目光的珠宝。厚实杯底运用切割技法，宛如钻石潜沉一般闪闪发光。

亚纳·雅各布森的
壁挂钟

　　亚纳·雅各布森（Arne Emil Jacobsen）逝世已经超过40年，他的存在感至今仍然十分强烈。弗里茨·汉森（Fritz Hansen）公司是制造雅各布森家具的厂商，与该公司合作的凯斯帕·萨路特（Kasper Salto）以前接受访问时就曾经直率地评论雅各布森"是个很难缠的对手"。2014年，在雅各布森的孙子多比亚斯（Tobias Jacobsen）的协助之下，成功翻刻雅各布森于1958年专为"SAS皇家饭店"所设计的"DROP"水滴椅。

　　罗森达尔（ROSENDAHL）公司翻刻壁挂钟的过程也十分精彩。首先邀请泰德·瓦伊兰德（Teit Weilandt）监制，他在1966—1971年间任职于雅各布森事务所，曾负责斯特腾（stelton）公司"Cylinda-Line"圆筒系列商品与伯乐乌德霍姆（Böhler Uddeholm）公司水龙头金属零件开发等工作。翻刻时先找到现存的壁挂钟，忠实地重现当初的设计。图片中的壁挂钟日后成为雅各布森的遗作，这是他为丹麦国立银行所设计的"银行家（Bankers）"壁挂钟。外观看起来是棒状的条纹，由12个方块组成，以图示的方式表现时间。另外，钟面的正中心采用红色，为极简设计增添了不少层次感。

斯蒂格·林德伯格的
绿叶（Berså）系列

　　若要举出在1940—1960年期间，对北欧陶瓷器产生重要影响的两位设计师，我想其中一位是卡伊·弗兰克（Kaj Franck）。他在战后的混乱时期，为新的餐具现状指引方向，他的设计理念至今仍是设计师的必修课程。另一位则是斯蒂格·林德伯格（Stig Lindberg）。从实用商品到艺术品都有他的足迹，我认为他是教我享受挑选餐具乐趣的人。

　　"Berså"在瑞典语的意思是"叶子"。我是因为雅各布森与华格纳（Hans J.Wegner）的家具才对北欧设计产生兴趣，第一次看到这个系列的餐具时，就好像窥见设计的多样性一样。我不禁想到：虽然是有规律的图腾，却是那么大胆且鲜嫩娇绿的花样。除此之外，不只是绘画图样，就连造型设计都出自林多贝利之手。而且他很早就发掘丽莎·拉森（Lisa Larson）等设计师，身为艺术总监的能力也十分出类拔萃。我认为他是20世纪北欧最值得骄傲的跨领域创作者之一。

阿泰克（artek）
折叠尺

　　这把折叠尺可伸缩至两米，十分适合从事建筑与设计工作的人。或许因为是阿尔瓦·阿尔托（Alvar Aalto）所创立的品牌，拥有这把折叠尺令人格外雀跃。

　　我回想起曾经带着这把尺，去造访位于赫尔辛基的阿尔托宅邸。最令我印象深刻的是工作室空间最深处的窗边，有一张阿尔托的工作桌。桌上摆放着制图用纸与他爱用的文具，这些物品仿佛都有灵魂，似乎听见了主人的呼吸声。

　　阿尔托的父亲是一位测量技师，把自宅当作事务所使用。约兰·希尔特（Göran Schildt）著有回忆阿尔托的著作，书名就是《白色桌子》（原文书名为《valkoinen pöytä》），这张白色桌子就在事务所里，据说当时有许多工作人员都在这张桌子周围辛勤工作。阿尔托成为建筑师后，站在与父亲相同的位置上，想必周围也是同样的景象吧！在这个房间里诞生的建筑有"巴黎万国博览会芬兰馆""玛丽亚别墅（Villa Mairea）""赫尔辛基工科大学"等作品。

030

HAY
胶 带 台

最近十年诞生的北欧品牌当中，最成功的莫过于丹麦的HAY公司。于
2002年由罗伦夫·海依（Rolf Hay）创立，并在翌年的德国科隆国际家饰展
中正式推出同名家饰设计品牌，目前已经在能够俯瞰哥本哈根行人专区斯
楚格街的一级地段设有店铺。

图片中的胶带台，采用与"七字椅（Seven Chair）""Y chair"等相
同木材——蒙古栎木。让容易冰冷无生气的桌面更为柔和。

格兰纳斯（Grannas）
小马书签

　　北欧什么都贵，尤其觉得书很昂贵。不过正因如此，每个人都很珍惜书本，也没见过像日本书店那样提供夹带广告的纸书签，几乎人人都拥有皮革或木制材质、富有个性的书签。

　　达拉纳木马（Dalarnas horse）是瑞典达拉纳省所出产的工艺品。这是以"带来幸福的小马"为灵感，由历史悠久的工坊格兰纳斯（Grannas）公司出品的手工书签。

艾里克·弘格兰的
玻璃杯

这是我在京都旧货店里一见钟情的玻璃杯。之所以会拿起来端详，不只是因为我最喜欢橘色。虽然玻璃是一掉到地上就立刻碎裂的纤细材质，但这款玻璃杯混着气泡的触感、圆润的造型都很吸引我。老板说这是瑞典的玻璃创作者艾里克·弘格兰（Erick Hoglund）的作品。我心想如果是弘格兰的作品应该更贵才对，老板接着说：“如果在东京，价格会翻倍哦！”实在是找不到不买的理由。

弘格兰出生于1932年。在斯德哥尔摩的国立艺术工艺设计大学（KONSTFACK）学习雕刻后，1953年到1973年间在博达（BODA）公司任职。当时以简练的设计为主流，据说他为了能让玻璃传达人的触感与温度，尝试把各种材质当作熔炉燃料、在木屑堆中投入玻璃等，热衷于各种实验。一般而言，在玻璃制造过程中产生的歪斜与气泡都不受欢迎，而他却对这些缺点抱持肯定的态度，为玻璃工艺的世界带来一股新的风潮。

诺玛（NORMARK）
打 猎 椅

　　打猎椅的历史至少可追溯至两百年前。对于亲近森林的丹麦人而言，打猎椅曾经是十分方便的工具。传统的打猎椅使用木材与皮革，但现在已经很少见了。在这种情况下，诺玛（NORMARK）的打猎椅显得非常珍贵。

　　诺玛（NORMARK）是北欧最大的狩猎用品兼钓具批发商，1963年开始生产、销售打猎椅。椅架使用蒙古栎木材、椅面采用厚实的油浸皮革，即便如此重量仍控制在1.1kg以内。兼具让拥有者无比雀跃的高质感、宛如吊床般的舒适性、能折叠携带的方便性，可谓打猎椅中的梦幻逸品。

　　在现代生活中，已经很少有人使用了吧！像是钓鱼或野餐等户外活动、家中玄关与厨房等小空间，随处都是可运用打猎椅的地方。这款打猎椅即使只是静静伫立在那里，也宛如一幅画般美丽。

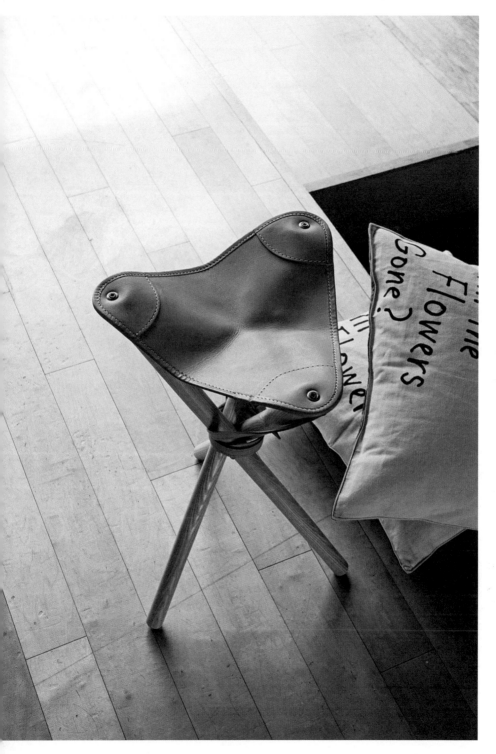

034

空气（atmosphere）
地球仪

　　有时会发现自己与某个设计师之间十分契合。譬如拿起喜欢的某件商品时，赫然发现总是出自同一位设计师之手。对我而言，这位十分契合的设计师就是丹麦的工具设计（Tools Design）。最初与其邂逅的机缘，是本书后半段中介绍的伊娃独奏（Eva Solo）公司的"咖啡独奏（Cafe Solo）"咖啡壶（P.172）。至今仍记得，当时我多么惊艳设计师的想象力。

　　现在，看到如此精美的地球仪而感动不已。丹麦空气（atmosphere）公司所生产的地球仪，颠覆海洋使用蓝色、陆地使用大地色系的常识。由铝制的底座与支柱支撑、可旋转的金属材质地球仪，传达无上的知性魅力以及时尚观点。

　　这也是工具设计（Tools Design）的设计风格。虽然极简，但仍带给人们丰富的感受。这就是工具设计（Tools Design）最吸引我的地方。

035

尤 哈 娜 · 古 利 克 森 的
利 乐 手 提 包

阿尔瓦·阿尔托（Alvar Aalto）于1935年创立阿泰克（artek）公司，专门制造、销售由他亲自设计的家具。公司创立四年后，他在1939年完成了被誉为初期住宅杰作的"玛丽亚别墅（Villa Mairea）"。当时在社交界拥有莫大影响力的麦雷·古利克森（Maire Gullichsen），不仅是阿泰克（artek）公司创办人之一，也是玛利亚别墅（Villa Mairea）的屋主，从各方面竭力支持阿尔托。麦雷·古利克森的儿子是建筑师克利斯汀·古利克森（Kristian Gullichsen）、孙女是布织品设计师尤哈娜·古利克森（Johanna Gullichsen）。

尤哈娜在赫尔辛基大学主修美术史、文学、语言学，之后又在波尔沃的工艺学校学习织布技术，于1989年创立自己的品牌"尤哈娜·古利克森（Johanna Gullichsen）"。在玛丽马克（Marimekko）品牌这种印花布当道的芬兰，她运用织布技法，以纱线组合与绝妙配色打造出独具现代感的几何图形，而这也成为尤哈娜的一大特色。经典款就是以包装牛奶等饮品的三角形纸质"利乐包"为灵感的"利乐手提包"。

OBJECT CATEGORIES

PEKKA H

Edited by

ine Predock₃
houses

RBUSIER AN ANALYSIS OF

H. BAKER

036

丽 莎 · 拉 森 的
狮 子 摆 饰

    目前北欧设计圈中当红的明星，就是丽莎·拉森（Lisa Larson）。不仅出版相关书籍，也有杂志特辑报导，百货公司亦热烈举办活动发售许多周边产品。正因为现在是她走红的时期，更要好好介绍丽莎·拉森（Lisa Larson）的成绩。

    丽莎·拉森（Lisa Larson）生于1931年。在哥特堡的学校学习陶艺后，于1954年被斯蒂格·林德伯格（Stig Lindberg）挖角到古斯塔夫伯格（GUSTAVSBERG）公司。林多贝利看到莉萨所制作的猫咪摆饰马上提案将之设计制成商品，开始发展成有猫咪、斗牛犬等"迷你动物园"系列。之后，她又陆续发布有海豹等动物的"斯堪森博物馆"系列、以狮子摆饰闻名的"非洲大地"系列。她朴素而惹人怜爱的作品，受欢迎是理所当然的。然而，我个人则是对目前以卫浴、马桶等卫生陶瓷器为主力商品的古斯塔夫伯格（GUSTAVSBERG）公司，仍然让陶艺家大展身手、继续传承陶瓷器制造商的做法感到十分敬佩。

037
丹思科（DANSK）
的考本风格（Koben Style）双耳锅

丹思科（DANSK）的创办人是美国的泰德与马莎·尼兰巴克夫妇（Ted & Martha Nierenberg），他们认为斯堪地那维亚式的设计，或许能为战后美国新式客厅的现状提供完美的解决方案。居家空间已经不再需要将厨房与餐厅隔开，亦不需要在家里举办什么正式的派对。

1953年，尼兰巴克夫妇前往欧洲旅行，当时便邂逅丹麦的叶森·H.克里斯多各（Jens.H.Quistgaard）的作品。随后便决定任用克里斯多各，他们确信只要能打造出简洁细致的实用商品并且以合理的价格销售，一定能被美国市场接受。因此于1954年创办调理工具与厨房用品制造商——丹思科（DANSK）公司，而DANSK就是指"丹麦风格"的意思。

1956年发布这款搪瓷双耳锅"考本风格（Koben Style）"。锅盖上的十字交叉把手，不只为设计增添层次感，还能当作锅垫使用。在厨房料理完成后，就能直接垫在下面送到餐厅，如此美妙的产品，成功实现尼兰巴克夫妇意欲打破厨房与餐厅隔阂的理念。

038

布里奥（BRIO）
婴儿鞋

　　在日本，若推着婴儿推车搭乘地铁总是会遇到很多麻烦事，但北欧完全没有这个问题，因为周遭的人会帮忙提婴儿车、或者让出空间。那是多么容易和婴儿一起出门的环境啊！

　　即使只是出门散步，也要让小婴儿从鞋子开始就很时尚。瑞典的布里奥（BRIO）公司生产的婴儿鞋，不仅兼具功能性与安全性，材质也是有机皮革，宝宝用舌头舔也没关系。出自艾莉卡·拉莱尔（Erica Laurell）之手、令人忍不住想穿上的可爱设计也是绝不能错过的重点。

039

保拉·索能（Paola Suhonen）的
火灾警报器

　　第一次见到这款产品的时候，着实吓了一跳。惊艳于它独特的颜色和外型。对我这个以"融入生活的北欧设计"为题出版书籍的人而言，是一项让我再次确信北欧设计风格的产品。虽然我们都知道就功能而言火灾警报器是必备之选，但其外观总是会干扰原有的空间设计。没想到，竟然有这种维持本来功能、还可用作摆饰造型的解决方法。

　　这款产品的设计师是保拉·索能（Paola Suhonen）。她是引领芬兰时尚品牌——伊凡娜赫尔辛基（Ivana Helsinki）的创始人。最近因为与日本的索尼广场（Sony Plaza）、优衣库（UNIQLO）合作，或许读者已经知道该品牌了。

汉斯·布拉特吕德（Hans Brattrud）的
斯堪的亚初级（Scandia Junior）座椅

　　在挪威首都奥斯陆，我最喜爱的地点之一就是"挪威建筑设计中心
（DOGA）"的咖啡馆。在街头一路闲晃至此，看场展览之后再到咖啡馆
喝杯啤酒，这样的行程总会出现在奥斯陆的某一天。我之所以会喜欢这
里，其中一个原因是这里选用汉斯·布拉特吕德（Hans Brattrud）的"斯
堪的亚初级（Scandia Junior）"座椅。就像丹麦刘易斯安纳现代美术馆的
咖啡厅采用"七字椅（Seven Chair）"一样，虽然只是一把椅子，但也可
能因为一把椅子而提升空间的价值。

　　斯堪的亚（Scandia）系列是布拉托尔在1957年就读大学时，预设在
学校中使用而提案的设计，因此重量轻、不容易堆积灰尘成为设计重点。
由此孕育出保留间隙的技术，同时也成为造型设计的一部分。

　　图片中的座椅，是该系列中高椅背的"斯堪的亚公主（Scandia
Prince）"，材质选用红木，是有标注生产序号的稀有产品。这把椅子拥
有随意摆放就能改变空间气氛的力量。

尼 古 拉 · 伯 格 曼 的
花 箱

　　尼古拉·伯格曼（Nicolai Bergmann）在故乡丹麦学习花艺与园艺，之后因为父亲工作的缘故而来到日本。他一边在花店工作，一边学习日本对花艺的思考方式与美学，2003年成立"尼古拉·伯格曼花艺设计（Nicolai Bergmann Flowers&Design）"品牌。融合斯堪地那维亚的风格、日本讲究细节的感性与工匠技术，构建独树一帜的世界观，现在他已经成为日本最有名的外国艺术家。

　　因为有大量的订单要求花朵必须可以堆栈保存而且方便携带，这些需求成为催生代表作"花箱"的契机。此时，伯格曼想到可以在黑色盒子中，塞满经过特殊加工的永生花。收到礼盒的人会觉得盒子轻得不可思议，打开之后看见瞬间延伸开来的多彩花朵，必定会令人屏息凝视好一阵子。

　　客户的要求非常日式，而产品的设计也带来了出乎意料的惊喜，我认为那就是纯正的北欧风格。

爱丽莎·阿尔托的
H55

1950年，北欧设计正要进入黄金时期。在这段时间当中，1955年夏季在瑞典南部的港边小镇赫尔辛堡，举办通称"H55"的设计博览会，这是将北欧设计推向世界的大好机会。参加者有瑞典的斯蒂格·林德伯格（Stig Lindberg）与布鲁诺·马特森（Bruno Mathsson）；丹麦的亚纳·雅各布森（Arne Emil Jacobsen）与芬·居尔（Finn Juhl）；芬兰的阿尔瓦·阿尔托（Alvar Aalto）等人，可谓齐聚北欧各国的设计明星。

图片中的托盘上排列着"H"字母，此设计出自阿尔瓦·阿尔托的续弦妻子、布织品设计师爱丽莎·阿尔托（Elissa Aalto）之手，名为"H55"。此项设计原本是要用在博览会中阿尔瓦负责设计的公寓内部的布织品中。近年来，致力于开发杂货的阿泰克（artek）公司，以"abc系列商品"为名推出布料、托盘、手套、化妆包、抱枕套等家饰产品。

斯特腾（stelton）
保温壶

20世纪60年代初期，斯特腾（stelton）公司作为不锈钢容器销售商创立。1963年进入公司，日后成为社长的彼得·霍姆布拉德（Peter Holmblad），其实是亚纳·雅各布森（Arne Emil Jacobsen）的女婿，据说他在家人聚餐时拜托雅各布森帮忙设计产品，雅各布森虽然不太情愿，但还是勉强在餐巾纸上画出草图。日后以这张草图为起点，设计出不锈钢产品的颠峰之作"西林达（Cylinda-Line）"。然而，这段故事却鲜为人知。

1971年雅各布森逝世之后，带领斯特腾（stelton）公司继续前进的人物，是活跃于丹麦陶瓷器厂商必应&格隆达尔（BING&GRONDAHL）的艾利克·玛格努山（Erik Magnussen）。他最大的功勋之一，就是在1977年发布的"保温壶"系列。除了好倒好清洗、又具有保温效果等基本功能之外，还投入生产新色系。从设计至今仍维持不变，就能看出产品的完成度非常高。玛格努山除了在斯特腾（stelton）公司以外，还负责家具、照明灯具等设计。他所设计的产品并不花哨，但有许多会令人想一直放在身边的杰作。

哈克曼（HACKMAN）的
斯堪的亚（Scandia）餐具

哈克曼（HACKMAN）的前身，是1790年设立于俄罗斯维堡的贸易商社。当初因为在木材产品、木材加工上获得成功，所以1876年就开始制造餐具。目前锅具、平底锅等调理用品、餐具已经成为主要商品。

我特别关注该品牌的餐具，尤其是卡伊·弗兰克（Kaj Franck）的"斯堪的亚（Scandia）"系列以及意大利设计师安东尼奥·西堤里欧（Antonio Citterio）的"Citterio 98"，皆为众所周知的名作。然而，这两者的设计却大相径庭。卡伊·弗兰克向来被誉为"芬兰设计的良心"，他所设计的餐具在握柄上纹刻直线，造型非常简洁。这款餐具于1952年至1989年间持续生产制造，由瑞典的罗斯兰（Rorstrand）公司以"Ideal"之名销售。另一方面，1998年发布的西堤里欧设计餐具，则大胆采用较大且方便手握的外形。这套餐具所流露出的奢华感，让它也能用在正式餐厅的餐桌上。

两套餐具各异其趣，但至今仍象征着现代芬兰与意大利的设计风格。

彼 得 · 奥 普 斯 威 克 的
平 衡 椅

在北欧，办公室多采用升降式的办公桌。久坐虽说不至于罹患经济舱症候群（*长时间维持相同姿势，引起静脉血栓塞栓症），但一直维持同样的姿势也会对健康产生不良影响。说话的时候起身、想专心工作的时候坐下，这样的设计无非是希望能够自由配合各种不同的工作模式。

从这一点来看，挪威设计师彼得·奥普斯威克（Peter Opsvik）其实非常有先见之明。20世纪70年代末期，他设计划时代的椅子"变量平衡椅（Variable Balans）"，为"坐"这个"静态"行为带入"动态"概念。只要垂直将膝盖靠在椅子上坐下来，身体就会自然前弯，不仅提升呼吸质量，也能减轻对脊椎的压迫。无论伸懒腰还是蹲坐，椅子都能跟上你的脚步。

我思考了一下要怎么坐，才战战兢兢地试着坐上去。结果不只背部自然地挺直，座椅也超乎我想象地稳定。尝试前后摇一摇，晃动的感觉很舒适。很适合坐在上面思考呢！

10 gruppen
肩背包

　　那是最近发生的事，我为了写书稿必须使用网络查数据，打开网页一看，才知道"10 gruppen"已经于2015年2月28日结束营业。当得知每到斯德哥尔摩必定造访的店家已经消失，我感到十分震惊。

　　1970年，由十位年轻设计师一起成立10 gruppen。不拘泥于既有的布织品产业框架，从设计到制作、销售都一手包办，尽管如此，一直走到最后的只有贝尔吉塔·汉恩（Birgitta Hahn）、汤姆·海多克伍斯德（Tom Hedqvist）、英格盖拉·霍肯森（Ingela Hakansson）三人。该品牌每年都会发布新作品，2013年秋天甚至还与优衣库（UNIQLO）合作，所以我才会格外惊讶。

　　我个人很喜欢这些在塑料材质上呈现大胆图样的产品，传达出不被任何东西束缚的自由感受。一般而言，遇到这种情形应该会招募新的成员，努力思考要如何让品牌继续发展才对。然而，从开始到结束都维持原本的创立成员，利落结束经营45年的心血，我想也是10 gruppen特有的风格。

建筑师制造（ARCHITECTMADE）
木制小鸟

　　建筑师制造（ARCHITECTMADE）公司一直持续制造芬·居尔（Finn Juhl）、保罗·凯霍尔姆（Poul Kjærholm）、约恩·伍兹沃（Jorn Utzon）等丹麦设计巨匠鲜为人知的设计产品。按照设计师所绘制的设计图，由经验丰富的工匠选择材质，以精准的手工艺、严格的质量控管制造出完美的工艺品，近年来在日本也广受好评。

　　克利斯汀·维戴尔（Kristian Vedel）在众多优秀设计师中仍然一枝独秀。维戴尔深受卡尔·克林特（Kaare Klint）与国立包浩斯学校（Bauhaus是一所德国的艺术和建筑学校，讲授并发展设计教育）影响，非常重视二十世纪设计师的规范，但也创造出许多幽默有趣的作品。

　　1959年诞生的"小鸟"木雕造型简朴，但头可以上下左右转动，具有各式各样不同的表情。小鸟本身使用丹麦最高级的橡木制成，眼睛的部分则是镶嵌枫木与非洲崖豆木，以手工仔细嵌合木头与木头之间的交接处。这款建筑师制造（ARCHITECTMADE）木雕，不仅有玩具的趣味性也兼具雕塑的艺术性。

斯堪的纳维斯科·赫姆斯洛基德
（SKANDINAVISK HEMSLOJD）
圆木盒

  我曾经造访位于秋田县大馆市的圆木盒工厂。在这个工厂里，蒸煮秋田杉的薄板、沿着模具折弯、用机具固定并干燥、最后以山樱树皮缝合固定等一连串的制作过程，几乎全都以手工进行。

  我拜访的工厂就放着从北欧采购回来的圆木盒。我大概可以猜想，其制作过程应该十分相似。从用途来看，大馆市产的圆木盒是拿来装米饭，与北欧的用法肯定不同。圆木盒究竟是从北欧传来日本，还是气候与风土相近的北欧与日本东北部因应需要而自然产生的呢？恣意想象这些事情，也是一种乐趣。

049

维 世 古 堡 · 林 （ Växbo Lin ）
擦 碗 布

　　2011年9月，我因为采访工作而前往北欧最大的杂货展"Formex"。许多品牌都强调质量与环保，让人觉得产品都大同小异，但我对维世古堡·林（Växbo Lin）却印象深刻。大概是因为这个品牌流露出诚实的感觉吧！

　　维世古堡·林（Växbo Lin）之所以会在1989年创立，据说是因为亚麻产地维世谷堡（Växbo）当时的"小区营造"活动。现在则是使用当地的亚麻材料与第二次世界大战以前的纺纱机，从纺纱到制造产品都在自营工厂完成。这款擦碗布越用越柔软，吸水性与速干性也随之提升，是制作过程非常严谨的一种产品。

050

阿 拉 比 亚 的
索 拉 亚 （ S o r a y a ） 咖 啡 杯 盘 组

"索拉亚（Soraya）"咖啡杯盘组是由活跃于阿拉比亚公司的女设计师谷娃尔·欧林·谷朗夫维斯特（Gunvor Olin-Gronqvist）所设计。在褐色釉药上，以饱满笔触描绘图样的杯子，与咖啡十分相配。凝视杯体所呈现的褐色，不禁联想到日本出云市的出西窑与松江市的汤町窑等山阴地区（*位于日本本州岛西部面向日本海的地区。一般是指鸟取县、岛根县和山口县北部地区）出产的民艺品。事实上，1950年开始北欧与日本民艺展开交流。

卡伊·弗兰克（Kaj Franck）曾经三度造访日本。其中最令人印象深刻的，应该是1956年第一次来日本的时候。当时，益子町的滨田庄司与京都的河井宽次郎等民艺相关人士都与他见过面。据说他最感兴趣的是市井小民的生活样貌与渔村、农村的风景，而且还不知道从日本的哪个地方带回捕捉章鱼的章鱼壶。从这件事也能看出他对无名工匠制作的无名日用品十分热衷。而且这也影响了卡伊·弗兰克以及他的晚辈谷娃尔·欧林·谷朗夫维斯特等人的设计思想。我想日本民艺与北欧设计之所以能有所共鸣，并非只是单纯的巧合而已。

051

雷·克林特（LE KLINT）
吊灯

　　克林特家族在丹麦是家喻户晓的设计名门。其中，最有名的人就是卡尔·克林特（Kaare Klint）。他打造了"福堡椅（Faaborg Chair）""游猎椅（Safari Chair）"等名椅，并留下与父亲彼得·魏何尔·叶森-克林特（Peder Vilhelm Jensen-Klint）共同合作的"管风琴教堂"（*位于丹麦哥本哈根的教堂，该教堂是为了纪念丹麦神学家、作家和诗人格伦特维而建造）等建筑。除此之外，他还在丹麦皇家艺术学院执教鞭，指导欧雷·旺夏（Ole Wanscher）以及波耶·莫耶谢（Borge Mogensen）等人。从"丹麦近代家具设计之父"这个称号，就可知他非等闲之辈。

　　另外，他也是照明灯具品牌雷·克林特（LE KLINT）的创办人。二十世纪初，彼得·魏何尔·叶森-克林特不经意地把纸有规律地折弯绕曲做成灯罩，成为品牌创立的契机。这款吊灯的制作方法，至今也没有改变。

　　图片中的吊灯"172B"虽然是实用品，但不点灯的时候宛如雕塑般的氛围也非常出色。设计者是保罗·克利斯汀珊（Poul Christiansen）。他与波利斯·巴林（Boris Berlin）共同合作的设计品牌考姆普劳特设计（KOMPLOT DESIGN）为哥本哈根凯斯楚普机场设计无轨电车、曾开发"咕比椅（GUBI Chair）"等产品。

菲久（Figgjo）
四角托盘

挪威的菲久（Figgjo）公司现在起用因格亚德·罗曼（Ingegerd Raman）、约翰·维尔德（Johan Verde）等设计师，将设计简洁且富有功能性、高质量的业务用磁器销售至各高级饭店与餐厅。然而，从现状完全无法想象，这家公司以前曾经制造过充满童话风格的作品。

最有名的是活跃于1960年至1980年的挪威女设计师茉利·葛拉姆斯塔

德·奥利薇（Turi Gramstad Oliver）所设计的"乐天（Lotte）"系列。她以纤细的笔触描绘隔着大片花草，一对害羞的情侣正在说话的样子。除此之外，茱利还设计了描绘挪威市场的"Market"、表示英雄故事的"Saga"、大胆使用花卉图腾的"Daisy"等系列商品。

　　这个"乐天（Lotte）"系列的四角托盘，其实并非出自我个人的兴趣，而是东京办公室旁的二手店正好以旧货市场三分之一的价格销售，所以就很随意地买下来。虽然至今一次都没用过只是拿来观赏，但也渐渐地喜欢上这个作品了。

普雷萨姆（PLAYSAM）的
流线原型玩具汽车

　　一说起北欧的玩具品牌，就会想到丹麦的乐高、凯·玻约森（Kay Bojesen）的木制玩具等，这些玩具也是很多大人喜欢的类型。瑞典的普雷萨姆（PLAYSAM）公司也是其中之一。自1984年创立以来，任用比优伦·达尔斯多姆（Bjorn Dahlstrom）等外聘的设计师，并陆续发布新产品。主要设计师乌伏·汉森斯（Ulf Hanses）所设计的"流线原型车（Streamliner）"可以说是象征普雷萨姆（PLAYSAM）的产品。

　　图片中的"经典流线原型车（Streamliner Classic）"虽然外观简洁，但令人忍不住想触碰的流线造型与光滑表面、有深度的光泽感，不只儿童喜欢，连成人都会被吸引。尽管目前已经推出敞篷车等类型来扩充品类，但基本的形状未曾改变。

　　2005年时这款玩具甚至被放在瑞典的邮票上，现在已经是国家的代表性商品。原本的制作缘由，是汉森斯为身心障碍儿童设计玩具才发展出这款产品。或许就是因为这份体贴入微的心意，才获得众人的支持吧！

054

普雷萨姆（PLAYSAM）
圆 珠 笔

　　谈到瑞典的普雷萨姆（PLAYSAM）公司，就会产生生产儿童用商品的印象。其代表作"流线原型（Streamliner）"玩具汽车可以放在书房当装饰品、"圆珠笔"也很适合上班族从笔袋里拿出来签名。

　　圆珠笔外观或许看起来胖胖的，但因为呈三角形所以拿在手上刚好。尤其它的光泽感与恰到好处的重量，让人忍不住想触碰、想一手掌握。我认为这是非常巧妙地将"可操作暗示理论"（*affordance：物品具有让人明显知道该如何使用它的特性）带入设计的好商品。

055

洛维（lovi）装饰卡片

　　最近很久没写信了，明明收到信是一件那么快乐的事情……位于芬兰
罗瓦涅米的圣诞老公公中央邮局，至今仍然在回信给每个写信给圣诞老公
公的孩子。

　　信纸，是乘载梦想的东西。如果信纸也能变成小鸟雕塑品的话……由
芬兰的洛维（lovi）品牌所推出的明信片，使用白桦木的合板，能够贴上邮
票寄出，组合也非常简单，是一款暖心而浪漫的商品。

哈苏（Hasselblad）腰平单眼
反射式相机

我还在公司上班的时候，在拍摄型录现场注意到某位摄影师手中的相机。他把相机放在腰部左右的高度，由上方窥视观景窗，跟随当模特儿的孩子们移动。当时那款相机好像就是出自瑞典哈苏（Hasselblad）品牌的腰平单眼反射式相机。

随着调查的深入，我对它的兴趣愈加浓厚。比如公司成立的缘由是因为瑞典空军委托开发空拍用的相机、阿波罗11号登陆月球时也使用这款相机拍摄等故事，都非常吸引我。

不过，我认为最吸引人的是公司自1948年开始销售市售用型号"1600F"以来，外观设计几乎没有改变。在这个快速变迁、设计成为消耗品的现代社会当中，曾于萨博汽车大显身手的工业设计师辛克斯坦·沙索（Sixten Sason）勾勒出的基本外形却未曾褪色。

阿 尔 瓦 · 阿 尔 托 的
设 计 花 器

　　阿尔瓦·阿尔托（Alvar Aalto）于1976年逝世，距今已近四十年，芬兰国内仍保存着八十多处由阿尔托设计的建筑。除此之外，阿尔托于1939年为纽约万国博览会设计芬兰馆，被弗兰克·洛伊德·莱特（Frank Lloyd Wright）誉为"天才"、受聘麻省理工大学教授等事迹，让小国芬兰的存在广为世界所知。阿尔托不是以一名建筑师的身份而是以肩负国家荣辱的气概从事设计工作。

　　另外，阿尔托的产品还扮演亲善大使的角色。加入湖泊、水洼、树木切块、海涛等诸多元素的"Aalto Vase"花器，于1936年发布以后，至今仍持续制造生产。在玻璃名作辈出的芬兰，这款花器的优美线条仍然独树一帜。翌年在巴黎万国博览会展出，使得阿尔托的名声大噪，现在赫尔辛基的"SAVOY"餐厅仍采用这款花器装点桌面迎接宾客。

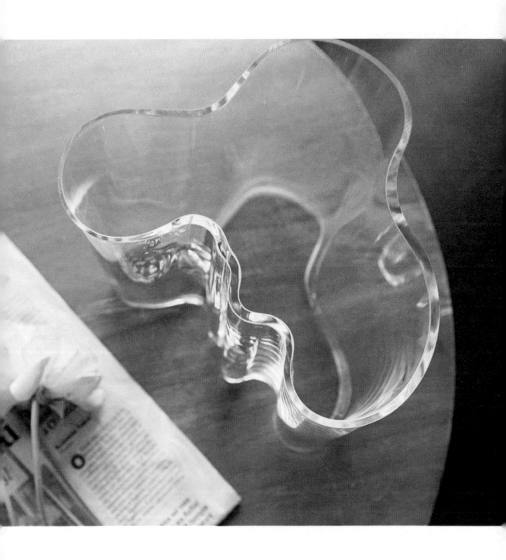

058

斯蒂格·林德伯格的
乐园

斯蒂格·林德伯格设计出许多如"绿叶
（Berså）"、"斯皮萨利比（SpisaRibb）""杏花
（PRUNUS）"等由古斯塔夫伯格（Gustavsberg）
公司出品的系列陶瓷器。虽然他也设计商品造
型，但吸引观赏者的往往都是上面的图样。林多
贝利以视觉设计师的身份设计过的商品有绘本
《贪心的古拉格尔过生日》、西武百货的包装
纸等。

虽然鲜为人知，但林多贝利设计的布织品也
有许多名作。他的感性与想象力发挥在杯盘上总
令人觉得范围太小。最早认可他的才能、把他带
入布织品世界的人，就是在斯德哥尔摩历史悠久
的NK百货公司布织品工作室担任室长的阿斯里
德·珊裴（Astrid Sampe）。林多贝利于1947年
至1960年留下许多作品，而1950年发布的"乐园
（Lustgården）"就如同一篇充满林多贝利活泼
开朗风格的故事。

路易斯·保尔森（Louis Poulsen）的
AJ桌灯

  建于哥本哈根中心位置的"SAS皇家饭店（现为Radisson Blu Royal
Hotel）"是亚纳·雅各布森（Arne Emil Jacobsen）实现设计梦想的地
方。当时虽然有人揶揄它是"玻璃香烟盒"，但自1960年竣工至今横跨半
个世纪，其摩登现代的外观仍然以哥本哈根地标之姿绽放光芒。

  雅各布森不只设计建筑。从大厅的"蛋椅（Egg chair）""天鹅椅
（Swan Chair）"等家具，到窗帘、地毯、餐具、门窗，甚至连照明灯具
都充满了雅各布森的美学意识。

  照明灯具系列命名为"AJ"，现在仍由路易斯·保尔森（Louis
Poulsen）发展出桌灯、立灯等产品。将圆与直线之线条以直角、斜角组
合设计而成的灯具，对鲜明的建筑物正面外观而言，与大厅螺旋状阶梯、
"蛋椅（Egg chair）""天鹅椅（Swan Chair）"的曲线形成绝妙搭配，
明确展现出雅各布森的设计特征。

罗斯兰（RÖRSTRAND）的
我的好朋友们（Mon Amie）系列

　　"fika"这个单词在瑞典语里意指"茶"。早上十点或下午三点，无论对象是谁都会问声："Ska vi fika？（要不要喝杯茶？）"如果在夏季，就在阳光和煦的屋外露台，冬天则在温暖的暖炉前或办公室里喝咖啡搭配点心，一边聊天一边度过多姿多彩的时光。

　　瑞典最具代表性的名窑罗斯兰（RÖRSTRAND）创立于1726年，是欧洲第三个历史悠久的品牌。曾在1930年斯德哥尔摩博览会上展出"瑞典的恩典（Swedish Grace）"系列与诺贝尔奖晚宴上使用的"诺贝尔（Nobel）"系列等经典款，以及出自玛丽安娜·卫斯特曼（Marianne Westman）之手，描绘夏至前夜祭典的蓝色花朵图样"Mon Amie"等休闲款式。

　　而且，"Mon Amie"在法语里意指"我的好朋友们"。这个系列十分适合与友人聚会喝茶时使用。

勒罗斯·特威德（ROROS TWEED）
毛毯

　　挪威的勒罗斯镇早已登录为世界遗产，从十七世纪开始约三百年间，因铜矿山而繁荣，保留至今的木造建筑，从中仍可以看出往日荣景。

　　在这个美丽的村落出产毛毯。严选生活在寒冬时甚至会降到零下四十度的山上、吃着无农药牧草的小羔羊羊毛，从纺纱到染色、纺织、商品化等工程，皆由勒罗斯·特威德（ROROS TWEED）与集团公司之一的劳马（RAUMA）共同进行。

　　以高质量纯小羔羊毛制成的毛毯，具有优良的防寒性、保湿性与弹性，让人能温暖而优雅地包裹身躯。

062

艾麦达卢斯（almedahls）
提袋

　　艾麦达卢斯（almedahls）创立于1846年，是瑞典历史最悠久的布织品制造商。此品牌借用复刻欧雷·艾克赛尔（Olle Eksell）、Svenskt Tenn的设计师约瑟夫·弗兰克（Josef Frank）的图样等方式，制造许多亮丽多彩的商品。

　　描绘出鱼和洋葱等食材、命名为"Picknick"的图样是非常欢乐的设计。设计师为设计罗斯兰（RÖRSTRAND）"Mon Amie"系列的玛丽安娜·卫斯特曼（Marianne Westman）。

阿拉比亚的

凯拉（keira）咖啡杯盘组

　　海军蓝、褐色、黑色……拿起绘有手工线条的咖啡杯，杯中的咖啡看起来也会很好喝。可能是因为阿拉比亚在20世纪60年代的复古系列多为花朵或水果图样，这款咖啡杯身在其中显得新鲜有趣。

　　咖啡杯盘组的名称为"keira"。其造型为"M model"，也是"Taika""Karelia""Saara"等系列采用的高人气款式。造型设计由彼得（Peterm Winqvist）与安雅·亚蒂内（Anja Jaatinen Winqvist）夫妻共同操刀，装饰则由安雅·亚蒂内设计。其实，我惊讶于这种装饰出自女性之手。因为刚刚提到的花朵或水果图样，都是由埃斯泰利·托姆拉（Esteri Tomula）与乌拉·布罗柯佩（Ulla Procope）等女性设计师所绘制。

　　1955年至1974年期间，安雅·亚蒂内任职于阿拉比亚公司，之后随第二任丈夫转往芬兰的陶瓷器制造商PENTIK，以设计师的身份活跃于第一线。现在，PENTIK以芬兰为中心已经发展出八十多家家饰店铺。

萨米地区的
库克萨（KUKSA）

库克萨（KUKSA）是居住在萨米地区（*位于北欧斯堪地那维亚半岛的北部，横跨挪威、瑞典及芬兰北部和俄罗斯科拉半岛北部）的萨米人自古传承而来的木制杯子。传统的KUKSA使用称为bahak的白桦木树瘤，挖空之后制成杯子，因为能采用的数量有限，现在通常用白桦木或桤木等材质制作。

调查KUKSA的时候，发现几个有趣的传说。据说以前居住在萨米地区的人们，认为清洗KUKSA会带走所有好运，唯一能够避祸的方式，就是使用从萨米山区流出的新鲜河水清洗。

启用新的KUKSA之前有特殊仪式。"kuksan huljutus"这个单词就是指第一次使用KUKSA之前的传统祭仪。首先在杯中倒入些许咖啡或干邑白兰地，转动杯子让饮料均匀沾遍内侧。接着，将杯中饮料倒掉，再重复一次这些动作。最后在第三次的时候，把饮料斟满并一口气喝光。结束这个仪式之后，才能开始使用KUKSA。

因为机会难得，我想下次也来执行这个仪式，开始使用KUKSA。

波达姆（bodum）
法式滤压壶

您可能会觉得意外，北欧其实是咖啡大国。芬兰每位国民的咖啡消耗量世界第一，丹麦、挪威也诞生了许多咖啡师比赛冠军。引领北欧咖啡文化的头领，就是丹麦的波达姆（bodum）公司。

2012年奥斯陆的浓缩咖啡厅"FUGLEN"大举登陆东京，因为该店的特色就是爱乐压（AeroPress）冲泡法，所以或许有人会觉得那就是标准的北欧咖啡冲泡法。然而，除此之外还有滤纸式冲泡法、滤压壶冲泡法等其他方式。bodum公司以制造法式滤压壶为主，自1974年发售以来，至今已经制造约一亿个咖啡壶。

图片中法式滤压壶的产品名称为"艾琳（Eileen）"。独具特色的设计让人联想到装饰艺术风格，其名称是来自活跃于法国的爱尔兰女设计师艾琳·格雷（Eileen Gray），设计风格也是她的最爱。

韦格纳（werner）
制鞋椅

　　说到丹麦的椅子，应该有很多人会想起亚纳·雅各布森（Arne
Emil Jacobsen）汉斯·J.华格纳（Hans J.Wegner）等设计巨擘吧！

　　这张"制鞋椅"不知道是由谁设计的。追溯其历史，似乎是起源
于15世纪榨牛奶时使用的椅子，原本是椅面平整、有三支椅脚的简朴
椅子。想象一下相机的三脚架就能了解，三支椅脚在户外凹凸不平的
地面也能站立，人坐下来之后加上双腿就更稳固了。之后，制鞋匠也
开始使用这种椅子，他们为了让椅子坐起来更舒服，把椅面切削使之
能配合臀部的形状，慢慢地越做越完美，不知不觉地这张椅子就被称
为"制鞋椅"了。现行商品是从20世纪70年代初期，由韦格纳
（werner）公司老板的父亲开始制作。

　　现在已经是21世纪了。这款佚名杰作的悠久历史令人惊叹。

067

诺曼·哥本哈根（normann COPENHAGEN）的
洗涤盆（Washing-up Bowl）

　　"北欧设计就是○○。"这句话的○○里可以填入的词语，前几名大概是简约、实用、温暖吧！当然这些都没错，只不过我觉得近年来还增加了许多富有"玩心"的产品。

　　其先驱就是丹麦的诺曼·哥本哈根（normann COPENHAGEN）公司。

1999年创立品牌，2002年以normann COPENHAGEN的名义推出第一个产品之后，陆续推出不同品类的商品，其中最具代表性的就是"洗涤盆（Washing-up Bowl）"。

设计师欧雷·叶恩山（Ole Jensen）在清洗餐具时总觉得很难在坚硬的不锈钢流埋台清洗易碎的磁器或玻璃杯，因此这成为开发这款产品的契机。成功制作出橡胶制的洗涤盆，不用担心手滑打破易碎餐具，鲜艳的颜色把无聊的清洗时间变成欢乐的时光。除了应用在户外活动、当作孩子的玩具箱等场合，根据使用者的想法和玩心，还可变化出多种不同的用法。

皮 雅 · 瓦 兰 （ P i a W a l l é n ）
毛 毡 布 室 内 鞋

　　进入21世纪，日本开始有人介绍北欧设计的时候，相对于丹麦与芬兰
等设计巨擘的名号，瑞典则是以约纳斯·宝林（Jonas Bohlin）、汤玛
士·桑代尔（Thomas Sandell）、克劳森·寇易斯特·卢内（Claesson
Koivisto Rune）吸引众人目光。

　　我个人非常喜爱皮雅·瓦兰（Pia Wallén）这位女设计师。尤其是斯德
哥尔摩最具代表性的杂货精选店"阿斯普兰德（ASPLUND）"展示的毛毡
布室内拖鞋，亮眼的缝线令我印象深刻。

碧 林（bliw）
洗 手 乳

　　我去瑞典必买给日本友人的伴手礼就是碧林（bliw）的洗手乳。它含有丰富的植物萃取成分，不只对皮肤好而且环保，自1968年发售以来获得瑞典等北欧各国消费者的喜爱。

　　外观设计也非常优秀。水滴状的包装方便拿取，兼具时尚设计感。除此之外，也有芬兰服饰品牌南搜（nanso）参与包装设计。

070

斯蒂芬·林德弗斯的
埃戈（Ego）系列

　　谈到北欧设计时，常常拿伊塔拉的"埃戈（Ego）"当作例子。

　　应该有很多人都有拿着咖啡杯盘组走路，没办法掌握平衡而把杯中饮品洒到咖啡盘上的经验。然而，埃戈（Ego）的把手能固定在咖啡盘上，所以饮品不会洒出来。如果只写这一点，可能会被误会只是在追求功能性，但这款咖啡杯的把手曲线实在优美得令人惊艳。追求功能的同时也提升设计感。从这个层面来看，我认为是非常正确的北欧设计观。

　　这款Ego也有在把手上绘制公牛脸图案的"Egox（Ego＋Ox＝Egox）"系列。这是2000年时，为纪念千禧年而制作的杯款。像这样推出隐藏版角色的巧妙设计，吸引了餐具迷的心。

　　设计师斯蒂芬·林德弗斯（Stefan Lindfors）是一位活跃于设计、艺术、影像等各领域的鬼才。我十分希望能够再见到他设计的产品。

艾诺·阿尔托的
玻璃杯

　　稳定的造型、厚实又坚固、不易滑动又好拿……我想大概是这些简单明了的优点，让这款玻璃杯能够持续销售。

　　在阿尔瓦·阿尔托（Alvar Aalto）事务所任职的艾诺·阿尔托（Aino Aalto），于1924年与阿尔瓦结婚。本来以为身为妻子的她会在背后默默支持丈夫，没想到却在1936年的设计竞赛上打败阿尔瓦。当时获奖的就是这款玻璃杯，在1936年的米兰美术展（Triennale di Milano）上也获得金奖。无论是艾诺，还是昂蒂·诺米斯耐米（Antti Nurmesniemi）的夫人沃可·诺米斯耐米（Vuokko Nurmesniemi）、玛丽马克（Marimekko）的创办人艾尔美·拉蒂雅（Armi Ratia）等女性设计师都不输给丈夫，创意丰富又充满力量。

　　说到20世纪30年代前期，阿尔托尚未在国际间声名大噪，芬兰设计也鲜少有人关注。在这样的情况下，艾诺仿佛投下一颗石子让水波向外扩散一样，让芬兰设计广为人知。水波扩散的涟漪宛如这款玻璃杯的造型。

瑞之锡（Svenskt Tenn）
杯 垫

　　因为编写拙作《北欧布织品指南》（＊书名为暂译，原标题为《北欧ファブリック スタイリングブック》），我前往芬兰与瑞典共十一位设计师的住宅采访。虽然已经预料到玛丽马克（Marimekko）应该会有很多人喜欢，但没想到瑞之锡（Svenskt Tenn）也很受欢迎。我本来以为古典的设计会让人觉得过时，结果反而有很多人推崇约瑟夫·弗兰克（Josef Frank）独一无二的世界观。我一向爱用约瑟夫·弗兰克绘制的杯垫与爱丝里德·艾瑞克森（Estrid Ericson）设计的"大象（Elephant）"图纹钱包，而且每到斯德哥尔摩必定造访从1927年就未曾改变的地址"海滩路5号（Strandvägen 5）"，因此对我而言瑞之锡（Svenskt Tenn）受欢迎是一件令人开心的事。

　　1924年，女性实业家兼设计师爱丝里德·艾瑞克森所创办的Svenskt Tenn，于1934年延揽奥地利建筑家、设计师约瑟夫·弗兰克（Josef Frank）之后有了转机。以花卉与水果、鸟儿与蝴蝶为灵感，融合古典与浪漫风格的家饰，至今仍吸引着许多人。

希拉设计（KILA DESIGN）
耳环

　　"这对耳环的设计怎么……"应该有不少人发现图案似曾相识。这是斯蒂格·林德伯格（Stig Lindberg）的"绿叶（Berså）"系列。（P.56）

　　1996年酷热的夏日里，塞西莉亚·克拉森（Cecilia Claesson）四岁的儿子打开小手说："妈妈，我捡到了好漂亮的东西！"

　　从此，她就开始将破损不能使用的餐具重制成饰品，这也是希拉设计（KILA DESIGN）创立的开端。注定要被丢弃的碎片，再度被注入新生命。我希望以后挑选产品时，能够一并考虑它们背后的故事。

阿 拉 比 亚 的
葡 萄 （ R y p a l e ） 咖 啡 杯 盘 组

　　杯子造型采用把手形状特殊的高兰贝克（Goran Back）设计，布满整个杯面的葡萄与花朵由兰雅·沃西克内（Raija Uosikkinen）绘制。雅致的海军蓝令人印象深刻，这款咖啡杯盘组的名字是"葡萄（Rypale）"。非常适合倒入许多牛奶的咖啡欧蕾。

　　从1947年到1986年约四十年时间都任职于阿拉比亚的兰雅·沃西克内，是阿拉比亚设计作品最多的设计师。代表作有描绘人物的"艾米利亚（Emilia）"以及水果图样"波蒙那（Pomona）"等。

阿 拉 比 亚 的
菲 力 格 兰 （ F i l i g r a n ） 咖 啡 杯 盘 组

　　这款咖啡杯盘组以黄金描绘的细致花卉图纹，搭配类似圆锥状的造型。乍看之下不太像北欧风格，但确实是1960年到1970年由阿拉比亚制造的"菲力格兰（Filigran）"系列。上面的装饰与"葡萄（Rypale）"相同，都出自兰雅·沃西克内（Raija Uosikkinen）之手。
　　这些装饰使用金银丝细工的技法。价格与产量或许非常重要，但当时的阿拉比亚产品，让我感觉更充满乐趣。

玛丽马克（Marimekko）
的勿忘草（Lemmikki）系列

目前，玛丽马克（Marimekko）内部已经有数名日本设计师，打开这扇门的其中一人就是石本藤雄。我曾经在赫尔辛基采访过他，平静稳定的语调与时不时露出的锐利眼光、还有谈起故乡爱媛县的事情都令我印象深刻。

"Lemmikki"流露出虚无飘渺的日式风格，这是发布于1978年的布织品，也是石本藤雄于1974年进入Marimekko的设计作品。Lemmikki意指"勿忘草"，不知道从名字推测设计师的想法是否会变成过度解读呢？

诺尔曼德（NORRMADE）的
绵羊四脚椅

诺尔曼德（NORRMADE）是丹麦新兴的家具品牌。虽然以"游牧民族"为设计概念，但其底蕴源于对祖先的敬意。

很久以前，斯堪地那维亚人的祖先朝北方前进，终于抵达有着夏季晴朗和煦和冬季严寒双面性格的大地。他们十分珍惜宝贵的资源，掌握了对所有事物必须有所节制、遵循规律运用的智慧。自此开始奠定斯堪地那维亚设计的基础，跨越世代传承至今。

诺尔曼德（NORRMADE）的家具大多是因应生活所需、体积小且方便移动的产品。就像牧羊人一样，牵着"绵羊"走或许也不错。在玄关穿上马靴的时候、在厨房做菜想稍作休息的时候，随时都能使用。

这款产品的设计总监是由克劳斯·叶恩山（Claus Jensen）与亨利克·霍尔贝克（Henrik Holbæk）组成的设计品牌工具设计（Tools Design）。他们是以担任"木酷高（MONOQOOL）"眼镜与厨房杂货"伊娃独奏（Eva Solo）"等产品设计而闻名的实力派设计师。

奥伊瓦托伊卡（OIVA TOIKKA）
小鸟摆饰

赫尔辛基的旧货铺"万哈加卡尼斯塔（Vanhaa ja Kaunista）"老板凯蒂·耶鲁的住宅里陈列着许多奥伊瓦托伊卡（OIVA TOIKKA）的玻璃作品。努塔雅维（Nuutajarvi）的玻璃瓶以及1972年开始生产的小鸟摆饰等作品，都是由工匠人工吹制一点一滴打造出来的。作品群鲜艳的色彩与自由奔放的造型，可谓艳冠群芳。小鸟摆饰至今仍持续制作，目前已经累积四百种系列商品。这次我从中选择个头娇小的单色作品。虽然简朴但细节的处理十分精巧。

说到北欧的玻璃，以瑞典斯莫兰地区的欧瑞诗、珂丝塔（KOSTA BODA）等品牌最为知名，这些都是会出现在王室晚宴的餐具，属于上流阶层的产品较多。另一方面，非王国制的芬兰则有奥伊瓦托伊卡（OIVA TOIKKA）与塔皮奥维卡拉（TAPIO WIRKKALA）等品牌，甚至知名设计师卡伊·弗兰克（Kaj Franck）都在这里留下艺术作品，我认为这些都是为了让日常生活更美好缤纷而创造的。

在北欧，仍有许多设计简约而非功能性的名作。

WeSC
耳机

　　漫步于斯德哥尔摩的街头，会看到"WeSC"的黄色广告广告牌。WeSC成立于1999年，是起源于瑞典的街头品牌，广受滑板玩家与雪板玩家的喜爱。而且，品牌名称是"We are the Superlative Conspiracy"的简称。

　　对我这种不玩滑板也不玩雪板的人而言，按理说应该与该品牌无缘，却在友人推荐下购买了丹宁裤，版型也意外地合身。让我稍稍改变了街头品牌服饰总是太过宽松的印象。

　　继丹宁裤之后买的第二项产品就是耳机。因为我只是用来连接平板听音乐而已，所以比起音质我更想找外形好看的产品，我十分喜欢WeSC耳机的雾面色彩和令人印象深刻的商标，整体设计非常美观。只是音质这方面我没有和其他品牌比较过，希望各位还是要用自己的耳朵确认。

080

泰母皮拉（Tampella）的
卡金卡（Katinka）桌布

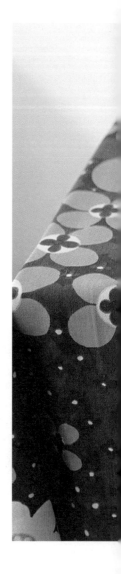

　　撰写拙作《北欧设计现场：来自北欧巨擘的建筑×家私×工艺之美学与创新》（*中文版由悦知文化出版，原标题为《北欧デザインの巨人たち足跡をたどって》）时，我曾思考阿尔瓦·阿尔托（Alvar Aalto）的对手究竟是谁。毕竟他不只出现在纸钞上，还有大学以他的名字命名，实在是一枝独秀。从结论而言，他仍然有竞争对手。那就是以图尔库为据点活动的建筑师——艾瑞克·布里克曼（Erik Bryggman）。除此之外，自玛丽马克（Marimekko）草创期十分活跃的梅嘉·伊索拉和沃可·诺米斯耐米应该也是他的对手吧！但无论如何，都已经无法向本人确认，这些也不过只是我个人的臆测……

　　那么，玛丽马克（Marimekko）的对手又在哪里呢？我认为应该是1980年初期就已经歇业的芬兰品牌泰母皮拉（Tampella）。60～70年代的多拉·毓恩格（Dora Jung）、饰品与杂货品牌"阿里卡（aarikka）"的创始者凯雅·阿里卡（Kaija Aarikka）等人都曾在该品牌中大显身手。图片中玛尔雅塔·美佐瓦拉（Marjatta Metsovaara）设计的"卡金卡（Katinka）"图样可爱华丽，绝不逊于玛丽马克（Marimekko）的产品。

雅 各 布 · 延 森 的
天 气 监 测 装 置 I I

丹麦设计师雅各布·延森（Jacob Jensen）曾说过："设计是人人皆能理解的语言。"没有奇特造型或独特的色彩，他的极简设计仿佛在解释这句豪情万千的话语。

雅各布·延森于1958年成立"雅各布·延森（JACOB JENSEN）"工作室。之后与邦&奥鲁福森（Bang&Olufsen）公司合作，并于1985年至1989年担任该公司顾问。Bang&Olufsen公司在1964年至1991年间以生产高质量音响、视听设备而闻名。另外，他以自己品牌的名义也设计出手表与眼镜等产品，1990年以后，工作室交由他的儿子提莫西·延森（Timothy Jensen）管理。

这次介绍的产品是结合闹钟与气压计的"天气监测装置II"，它继承了雅各布·延森的思考哲学："只要看一眼作品，就能令人联想到设计师，而设计师与用户就是通过产品进行对话。"直线而倾斜的造型与简约的设计、使用不同颜色做分隔，无疑是继承雅各布·延森风格的作品。

木 酷 高（MONOQOOL）的
HELIX NXT 眼 镜

　　从家具业界跨足眼镜业界，而且老板是两位长期旅居日本的丹麦人。
木酷高（MONOQOOL）就是这么奇特的品牌。2010年春季发布的
"HELIX"系列就是不拘泥于眼镜的既有概念，在自由灵感之中诞生的。

　　该系列最大的特点在于镜框连接镜架的铰链部分。这里呈螺旋状，只
要旋转镜架就能与镜框分离。如此一来，就不再需要一般眼镜所使用的铰
链或黏着剂。零件也因此随之减少，即使出现故障也能轻松更换。而且，
镜框的NXT材质重量轻而且兼具子弹打不穿的强度。

　　由丹麦的工具&设计（TOOLS&DESIGN）担任设计，制造则交给拥有
世界顶尖技术的福井县鲭江市工匠负责。为实现螺旋状铰链的设计，据说
要反复进行无数次以微米单位计算的试作工序。因为设计者与制造者的热
忱，才设计出这款革命性的眼镜。

083

亚纳·雅各布森的
桌钟

1939年，亚纳·雅各布森在丹麦电器制造商龙头埃尔凯（Lauritz Knudsen）发布这款桌钟。虽然受大战影响只销售一小段时间，却是日后雅各布森以非建筑师身份参与许多产品设计的转折点。

最初的原型"罗曼（Roman）"，其特征就在于优雅的数字刻度盘面。据说这是雅各布森设计奥胡斯市政厅（Aarhus City Hall）挂钟的起点。

084

HAY
多层活页夹

　　HAY的产品能运用在生活中的各种场合，是充满机能美与智慧的丹麦家饰品牌。该品牌不只向五六十年代丹麦的伟大家具设计致敬，也开发结合现代潮流脉络的商品。

　　法语"Plisse"意指有规律的皱褶，Plisse多层活页夹有10个A4大小的口袋，较薄的册子也能放进去，十分方便，而且打开之后展现出鲜艳的渐进配色，这是结合传统机能性与现代设计感的活页夹。

卡伊·弗兰克的
基尔塔（Kilta）系列

　　我采访曾经留学芬兰的日本建筑师时，他说过："我想建造一个像卡伊·弗兰克的家。"

　　卡伊·弗兰克虽然不是建筑师，但我能理解那位日本建筑师想要什么样的家。知道卡伊·弗兰克的人，大概都会有类似的印象吧！

　　卡伊·弗兰克的设计很普通。不需要添加什么，也不需要删减。一般而言，被说"普通"不少人都会反感，但在设计现场依然能恪守规范标准的卡伊·弗兰克，着实令人敬佩。

　　"基尔塔（Kilta）"是于1953年以"重新从功能面审视过度装饰的餐具"的概念为基础开发出的陶制餐具。1981年时转变为针对微波炉与洗碗机的瓷器"缇玛（TEEMA）"，至今仍持续生产。终生都为平民而设计的卡伊·弗兰克，被誉为"芬兰设计的良心"。

路易斯 · 保尔森（ louis poulsen ）的
PH2/1桌灯

持续照亮北欧夜晚的路易斯 · 保尔森（ louis poulsen ）公司与设计师保罗 · 亨尼格山（ Poul Henningsen ）之间的幸福关系，直到1924年亨尼格山逝世后仍然持续着。

亨尼格山最大的成就就是运用自然界中可见的一种螺旋——"等角螺线"，开发出不刺眼、可打造阴影的灯罩。这款灯罩完成于1925年，经过三十年后，于1958年发售众所周知的不朽名作"PH5"。亨尼格山并不是想打造美丽的灯具，而是追求美丽的光线，其结果就是创造出这样的造型。

2011年发布PH系列当中最小型的"PH2/1桌灯"。它不只是单纯缩小尺寸而已。灯罩采用口吹玻璃制作，内面也经过雾化加工，让桌灯能够产生柔和的反射光。调和根据亨尼格山哲学所计算出来的光线，以及一扫工业产品既有的冰冷感与单调的光线后，"PH2/1桌灯"绽放出全新光芒。

087

康妮斯特（Kauniste）的
星期天（Sunnuntai）系列

康妮斯特（Kauniste）是2008年创立的芬兰布织品品牌。设计师之一的马蒂·皮克雅姆萨（Matti Pikkujämsä）在就读赫尔辛基艺术大学（现为阿尔瓦大学）时就从事插画工作，现在则为芬兰报业龙头《赫尔辛基日报》（*原文为《Helsingin Sanomat》）绘制插图、并负责玛丽马克（Marimekko）与阿拉比亚、拉普阿的织布人（Lapuan Kankurit）等品牌的布织品设计。

"Sunnuntai"意指星期天。通过鸟儿的表情与花团锦簇的样貌，描绘出一幅悠哉渡过假日的情景。

康妮斯特（Kauniste）的
索凯丽（Sokeri）系列

　　我到康妮斯特（Kauniste）的老板家采访时，在家中光线最好的客厅里，就是使用这款"索凯丽（Sokeri）"图样的窗帘。康妮斯特（Kauniste）起用北欧新兴的创作者，将他们的才能运用传统网版印刷表现出来，在这样的情况之下"索凯丽（Sokeri）"系列仍是发展最多品类的高人气图样。

　　设计师为汉纳·寇诺拉（Hanna Konola）。Sokeri意指砂糖，她让简约的形状透出美感，将直觉与偶然性导向设计的才能十分出众。

089

梅嘉·伊索拉的
洛基（LOKKI）布料

　　那是在京都采访一家与咖啡馆并设的北欧杂货店时，经营店铺的芬兰女性告诉我的故事。"对方要求我接受采访时要穿玛丽马克（Marimekko）的围裙，所以我只好穿了，但是那个人好像觉得玛丽马克（Marimekko）就等于罂粟花（UNIKKO）系列……顿时失去了聊天的兴致。"我想应该有很多人都有这种刻板印象吧！不过这也代表UNIKKO图样在Marimekko当中是多么具有代表性。然而，负责设计UNIKKO、对Marimekko而言不可或缺的传奇设计师梅嘉·伊索拉（Maija Isola）其实是一位多产的创作者。

　　这款名为"洛基（LOKKI）"的图样，设计于1961年。在芬兰语中意指"海鸥"，造型的确很像海鸥展翅的样子，但也像几何图形。马丁·皮克萨姆（Matti Pikkujamsa）是一位以收藏Marimekko旧货闻名的插画家，他曾经说过："再也没有像梅嘉一样创作力丰富的设计师了。"真想再多了解一点有关梅嘉·伊索拉的事情啊！

诗 格 恩（SKAGEN）
腕 表

诗格恩（SKAGEN）是1989年创立于丹麦的腕表品牌。秉持着"设计美感与高质量不代表昂贵"的理念打造腕表，在日本也受到了越来越多人的喜爱。

这款腕表是我与SKAGEN的外聘设计师绀野弘通先生一起演讲的时候获赠的礼物。虽然已经没有戴腕表的习惯了，但我仍然认为这是一款极简而美丽的手表。既可以在正式场合佩戴，价格又合理。

SKAGEN也是丹麦日德兰半岛最北端渔村的地名。只要一出斯卡恩（Grenen）海岬，就能看到半岛东侧与西侧海水交汇的珍奇海景。除此之外，SKAGEN也以夏至前后的绝美日落而闻名，据说十九世纪末有许多艺术家移居此地。最近我都是因为工作才前往北欧，所以太忙碌而没有时间，希望有朝一日能优哉游哉地专程造访这个最北端的宁静小镇。

091

芬兰设计扑克牌

　　我只是上个网就忍不住买下来了。黑桃是"缇玛（TEEMA）"等陶瓷器与玻璃制品；爱心是阿尔托等人的设计家具；方块是玛丽马克（Marimekko）等布织品与时尚产品；梅花则是菲斯卡斯（FISKARS）的剪刀等日用品，清楚区分不同类别。骑士J、皇后Q、国王K分别是以代表性的设计师为脸谱，但里面却没有阿尔托。而且，鬼牌是Marimekko的创始人艾尔美·拉蒂雅（Armi Ratia）。

　　这是一组只用眼睛看就能学习芬兰设计的扑克牌。

092

芬 兰 邮 局 的 模 型 车

　　我对汽车没什么兴趣，但是很喜欢"工作车"。前往巴黎时，对黄色车体上写着"邮局（LA POSTE）"的雷诺"甘果（Kangoo）"邮务车一见钟情，还为了买模型车在邮局排队。

　　法国的车虽然很不错，但芬兰的也很可爱。这一款模型车是彩绘橘色和蓝色圆点的福斯"开迪（Caddy）"。与北欧其他三国不同，芬兰并非王国制，所以其设计不走古典路线，而是给人开朗自由的印象。

乔治·贾森的
螺旋开瓶器

　　1904年，银饰工匠乔治·贾森（Georg Jensen）创办乔治·贾森
（Georg Jensen）同名品牌。此品牌制造高质量生活商品已经超过一世纪。
像是乔治·贾森设计的珠宝与银制餐具组、亚纳·雅各布森（Arne Emil
Jacobsen）的系列餐具、黑宁格·寇佩尔（Henning Koppel）的投手
（pitcher）水壶、薇薇安纳·托尔·贝罗（Vivianna Torun Bülow-Hübe）的
手表等产品，不乏跨越时代传颂至今的名作。乔治·贾森的新艺术风格、
雅各布森的摩登现代风格、寇佩尔雕刻般地线条等不同风格，其底蕴皆来
自创办人"融合功能与美学的普遍性设计"哲学。

　　这款螺旋开瓶器，由丹麦的汤玛士·桑代尔（Thomas Sandell）设计，
于2012年发布。尽管可以令人感受到品牌传统，但印象更为简练利落，是
展示新样貌的野心之作。开瓶器和红酒一样由低到高有各种等级，若想要
真正享受红酒，那就连开瓶的工具都要讲究一番才是。

弗兰德莫比尔（Flensted Mobiles）的
气球挂饰

　　以前，丹麦曾经非常流行把莫比尔（MOBILE）（*类似风铃是丹麦传统技艺之一，材质为硬纸板或木片）当作娱乐或是室内装饰之物来做。无论是挂在窗边当作装饰，还是吊在摇篮旁哄婴儿，MOBILE至今仍然常常在丹麦家庭中出现。甚至还有"坏人一进房间，MOBILE就会动不了""MOBILE可以赶走小偷之类"等传说，由此可窥见MOBILE长期受到丹麦家庭的喜爱。

　　MOBILE一词变得普遍，是起源于1931年马塞尔·杜象（Marcel Duchamp）把亚历山大·考尔德（Alexander Calder）的"动态雕刻"命名为"MOBILE"。而且，考尔德的作品目前也展示于丹麦刘易斯安纳现代美术馆（Louisiana Museum of Modern Art）临海的高台上。

　　弗兰德莫比尔（Flensted Mobiles）是创立于1954年的MOBILE制造商。据说是因为设计师克莉斯汀·福兰斯泰德（Christian Flensted）在刚出生的女儿的床上装饰MOBILE，所以才开始创立。图片中的款式为长销商品"Balloon5"，听说该公司园区上方飘着真的热气球呢！

095

安妮布莱克（Ａｎｎｅ Ｂｌａｃｋ）的
戒指

在哥本哈根，有一个由多名艺术家共同分享的工作室兼店铺"设计师之家（Designer Zoo）"。虽然距离我第一次拜访那里已经超过十年，当时一眼就喜欢上创作瓷器餐具与饰品等产品的安妮布莱克（Anne Black），至今仍然十分关注她的动态。

2013年秋季第一次与她见面，柔软温暖同时又纤细敏感的性格，完全展现在她的作品当中了。不知道是否因为如此，我跟她一见如故，当时几乎没有紧张感。

这款戒指也是充满安妮·布雷赫特殊魅力的作品。戒指本身和上面的圆点等图样皆为手工制作，所以每个都有些许不同。因为不像一般戒指标示戒围，不实际戴一下就不知道合适与否。我很喜欢这种一期一会的感觉。而且，因为是瓷器，总有一天会破损。这样脆弱、虚无飘渺的性质也很吸引人。

哈 里 · 寇 斯 金 内 的
水 晶 块 灯

　　自从对北欧设计产生兴趣开始就一直想拥有，但迟迟未买到的商品之
一，就是水晶块灯。封印在冰块里的光线宛如诗一般美丽，这款灯具融化
了我对"北欧设计等于简约兼具功能性"的刻板观念。点灯之后宛如暖炉
般的温暖灯光也好，只是放置在那里宛如冰冷雕塑的感觉也很棒。

　　这款灯具发布于1996年。哈里·寇斯金内（Harri Koskinen）在学生时
代想到点子，由瑞典的设计之家斯德哥尔摩（designhouse stockholm）公司
出品。我认为北欧有许多像这样愿意给年轻人展现才能的公司。有阿
瓦·阿尔托继承人之称的寇斯金内，目前担任伊塔拉的设计总监。我万分
期待接下来他会挖掘出什么样的设计明星。

097

工具设计（Tools Design）的
咖啡独奏（Cafe Solo）咖啡壶

　　伊娃独奏（Eva Solo）是1997年从
伊娃丹麦（Eva Denmark）分生出来的
品牌。从品牌命名到设计概念、商品企
划、视觉设计全程负责的就是由亨利
克·霍尔贝克（Henrik Holbæk）与克
劳斯·叶恩山（Claus Jensen）所组成
的设计工作室（Tools Design）。

　　见到他们的代表作"咖啡独奏（Cafe
Solo）"时，由衷觉得造型简单美丽。
他们使用的材质，不太像是厨房工具的
材料。耐热玻璃制的咖啡壶外包裹着冲
浪防寒衣材质的保护套。也就是说，因
为材质的保温效果非常好，所以能够维
持咖啡的温度，而且倒咖啡的时候也不
会烫手，同时又能保护玻璃。拉链设计
让保护套能够从咖啡壶取下，这让我想
起冲浪选手的背影。

　　设计美感与功能性，再加上一点幽
默感。真是一款展现设计乐趣的产品。

斯德泰海姆（STUTTERHEIM）
雨衣

　　2011年秋天，我漫无目的地走在斯德哥尔摩的赛登马尔（Södermalm）街头。当时经过一间只陈列白色雨衣的小店（可能也有黑色，但我记不清了）。清爽整洁的店面深处，有位年轻男子坐在那里。我还记得当时心里想着那画面好像柯恩兄弟电影里的一幕，然后就离开了。

　　没过多久，我就后悔当初没买下那件雨衣。当时觉得款式太简约，找不到买它的理由。但是，我后来开始觉得材质的感觉和线条都是那么地独一无二。结果，在停留于斯德哥尔摩那段时间，我还是没能再次造访那间店。

　　"斯德泰海姆（STUTTERHEIM）"雨衣拥有独特质感、贴合身体的美丽线条，当我看到它的时候，就觉得终于找到命中注定的款式了。据说设计师阿勒克山塔·斯德泰海姆（Alexander Stutterheim）是以自己祖父爱用的渔夫防寒衣为基础，重新设计成有现代感的雨衣。得知这个故事之后，我更加想买了。

阿瓦·阿尔托的
凳子（Stool）60

　　我曾经被问及北欧各国的设计究竟有什么差异？从日本的角度来看，北欧很容易被归为同一个种类，但就像日本、韩国、中国各有不同一样，北欧也各有千秋。虽然是题外话，不过据说瑞典和芬兰的冰上曲棍球赛因为两国都各有自己的意识形态，所以常常会陷入双方都得不到分数的胶着战，也不会有赞美赢家、下一场帮对方加油打气这种事。

　　言归正传，两国在设计上也有这样的显著差异。"凳子（Stool）60"采用当时最尖端的"L Leg"折曲技法，但椅脚和椅面只用螺丝简单固定。如果在丹麦，一定会采用像宫廷木工那样讲究美感的接合方法吧！然而，凳子（Stool）60却因为没有选择那条路，以低廉的制造价格普及到芬兰的每个家庭中。这就是芬兰的一般设计思维。

安娜维多利亚（Anna Victoria）的
达拉纳小马摆饰

　　瑞典中部的达拉纳省是瑞典人的心灵故乡，以保留浓厚民族风俗而闻名。比如最有名的仲夏节，人们会穿上色彩鲜艳的民族服饰，围着装饰白桦木、枫叶与当季花卉的花柱整夜通宵歌舞。

　　发祥于达拉纳的还有"达拉纳木马（Dalarnas horse）"。据说是源自樵夫们在工作结束后，随意刻出来的木雕马。本来是带给孩子的礼物，后来广受好评，不知不觉，这只"带来幸福的小马"变成瑞典代表性的民艺品。

　　安娜维多利亚（Anna Victoria）的创办人维多利亚·莫斯多尔姆（Victoria Manstrom）是生于斯长于斯的达拉纳人。深植于这片土地的传统、继承自祖母的法兰德斯地区的缂织壁毯技术，与她自己的设计品味互相融合之后，创造出彩虹色调的全新幸福象征。

以下价格不含税。
旧货价格会根据商品状况等条件有差异，故不标记价格。